BEI GRIN MACHT SICH IHR WISSEN BEZAHLT

- Wir veröffentlichen Ihre Hausarbeit, Bachelor- und Masterarbeit

- Ihr eigenes eBook und Buch - weltweit in allen wichtigen Shops

- Verdienen Sie an jedem Verkauf

Jetzt bei www.GRIN.com hochladen und kostenlos publizieren

Christian Maniewski, Norman Blaß

Nachhaltigkeit – ökonomische, ökologische und soziale Verantwortung

E.ON und der Energiemix 2020

GRIN Verlag

Bibliografische Information der Deutschen Nationalbibliothek:

Die Deutsche Bibliothek verzeichnet diese Publikation in der Deutschen National-
bibliografie; detaillierte bibliografische Daten sind im Internet über http://dnb.d-
nb.de/ abrufbar.

Impressum:

Copyright © 2009 GRIN Verlag GmbH
Druck und Bindung: Books on Demand GmbH, Norderstedt Germany
ISBN: 978-3-640-89060-6

Dieses Buch bei GRIN:

http://www.grin.com/de/e-book/170169/nachhaltigkeit-oekonomische-oekologische-
und-soziale-verantwortung

RWTH AACHEN

Lehrstuhl Wirtschaftswissenschaften für Ingenieure und Naturwissenschaftler

Seminar SS 2009

Nachhaltigkeit – ökonomische, ökologische und soziale Verantwortung

E.ON und der Energiemix 2020

Name   Blaß, Norman   Maniewski, Christian

Aachen, im Juni 2009

Inhaltsverzeichnis

Einleitung

Der deutsche Energiemarkt wird im Wesentlichen von vier großen Konzernen bestimmt, die ständig präsent sind; sei es in Fernsehwerbungen oder Diskussionen, welcher Anbieter jetzt doch der günstigste sei. Aber wie arbeitet ein solches Unternehmen? Wie verhält es sich in den wichtigen und zukunftsbestimmenden Debatten über den Wegfall der Kernenergie, das möglichst baldige Abschaffen der „Klimakiller" Stein- und Braunkohle sowie die Einbindung der erneuerbaren Energien in den Energiemix. Wie reagiert ein Energieversorger auf Gesetze und Verordnungen, die die Energieerzeugung reglementieren? Inwieweit ist ein nachhaltiger Energiemix, ökonomisch sowie ökologisch, in Deutschland möglich?

Diese Fragen sind Kern dieser Seminararbeit. Als Beispiel für einen großen Energiekonzern wird die E.ON AG betrachtet. Nach einer Einführung in das Thema und einem Überblick über den Konzern beginnt eine Szenario- Analyse, in der drei interessante Möglichkeiten aufgezeigt werden, wie E.ON seinen Energiemix im Jahr 2020, also in naher Zukunft, gestalten könnten.

Szenario A geht davon aus, dass laut dem sog. „Erneuerbare Energien Gesetz" im Jahre 2020 dreißig Prozent des eingespeisten Stroms aus erneuerbarer Energie zu gewinnen sind.

In Szenario B werden sollen alle Kernkraftwerke von E.ON vom Netz genommen und gänzlich durch erneuerbare Energien ersetzt werden.

Szenario C beschreibt, wie E.ON sich verhalten würde, wenn man frei am Markt agieren könnte, folglich nur rein wirtschaftliche Ziele verfolgen würde.

Es wird lediglich eine Kostenanalyse durchgeführt, da die Unterschiede dadurch klar aufgezeigt werden können, ohne die Berechnungen durch weitere Annahmen zu erschweren oder durch falsche Preisprognosen zu verfälschen. In jedem Szenario werden die auf E.ON zukommenden Kosten und die Kohlenstoffdioxidemissionen aufgezeigt.

In den Szenarien A und B soll zusätzlich beschrieben werden, wie viel Landfläche am Beispiel von Wind, fester Biomasse und Solar-Parabolrinnen durch erneuerbare Energien in Anspruch genommen wird, um zu zeigen, wie sich das Landschaftsbild in Deutschland deutlich und in kurzer Zeit verändern kann.

1. Überblick über den E.ON Konzern

In diesem Abschnitt wird die E.ON AG[1]vorgestellt. Die für die Seminararbeit wichtige Market Unit *Central Europe* wird dabei gesondert betrachtet.

Geschäftsfeld und Struktur der E.ON AG

Sowohl im Strom- als auch im Gasmarkt verfolgt E.ON ein integriertes Geschäftsmodell – von der Produktion über die Verteilung bis hin zum Vertrieb. E.ONist im Juni 2000 aus der Fusion der deutschen Industrieunternehmen *VEBA*[2] und *VIAG*[3] entstanden. Bereits kurz nach der Fusion fokussierte E.ON das Energiegeschäft. Das Geschäft von E.ON ist in zehn Market Units gegliedert. Es gibt acht geographische Market Units, die die jeweiligen operativen Geschäfte in ihren Gebieten übernehmen. Diese lauten: *Central Europe*[4], *Pan-European Gas*[5], *UK, Nordic, US-Midwest, Russia, Italy* und *Spain*. Zu diesen kommen noch die Market Unit *Energy Trading*, welche die europäischen Handelsaktivitäten für Strom, Gas, Kohle, Öl und CO_2-Zertifikate vereint, sowie die Market Unit *Climate & Renewables*, welche weltweit für die Aktivitäten des E.ON-Konzerns im Bereich erneuerbare Energien und Klimaschutz verantwortlich ist[6]. Geführt werden die Market Units von dem Corparate Center mit Sitz in Düsseldorf. Zu dessen Hauptaufgaben zählen die strategische Weiterentwicklung, Finanzierungspolitik und –maßnahmen, die marktübergreifendene Steuerung des Gesamtgeschäfts, das Risikomangement und die laufende Optimierung des Portfolios der E.ON AG.

	2008	2007	+/- %
Stromabsatz (in Mrd kWh)	614,6	487,0	+26
Gasabsatz (in Mrd kWh)	1.224,0	1.092,3	+12
Umsatz, gesamt E.ON (in Mio €)	86.753	68.731	+26
Mitarbeiter (31.12)	93.538	87.815	+7

Tabelle 1: E.ON Konzern in Zahlen

---

[1] Sämtliche in diesem Abschnitt verwendete Daten sind folgenden Quellen entnommen:
E.ON, „Unternehmensbericht 2008," Unternehmensbericht, E.ON (2008).
E.ON AG, „E.ON Strategy & Key Figures 2008," Broschüre, E.ON (2008).
[2] Vereinigte Elektrizitäts- und Bergwerks AG
[3] Vereinigte Industrieunternehmungen AG
[4] Bekannt als E.ON Energie.
[5] Bekannt als E.ON Ruhrgas, einer der größten privaten Erdgasimporteure der Welt.
[6] Genauere Beschreibung der MU Climate & Renewables folgt im Abschnitt 0

Die E.ON Energie AG mit Sitz in München ist die Führungsgesellschaft der Market Unit *Central Europe* und innerhalb des E.ON Konzerns für Erzeugung, Übertragung, Verteilung und Vertrieb von Strom zuständig. Auf dem Strommarkt ist E.ON in Deutschland, den Niederlanden, Frankreich, der Tscheschien Republik, der Slowakei, Ungarn, Rumanien, Bulgarien, der Türkei und der Schweiz tätig und versorgt rund 17 Mio. Kunden, etwa die Hälfte davon in Deutschland. Für diese Arbeit sind ausschließlich die Aktivitäten von E.ON Deutschland relevant. In Deutschland wurden 2007 123.978 GWh an elektrischer Energie produziert, was circa 92% der gesamten Stromerzeugung[7] der E.ON Energie AG entspricht. Hierfür wird vorallem Energie aus Kernkraftwerken, (62.214 GWh), und Steinkohlekraftwerken(35.921 GWh) gewonnen. Hinzu kommen Wasserkraft mit 7.232 GWh, Braunkohle mit 8.435 GWh sowie Gas und Öl mit 5.568 GWh. Als oberste Priorität bei der Stromerzeugung führt E.ON an, dass ihr Energiemix versorgungssicher, klima- und umweltfreundlich sowie bezahlbar ist. Obwohl die erneuerbaren Energien stetig ausgebaut werden sollen, kann auf Grund der Versorgungssicherheit und der Kosten langfristig nicht auf konventionelle Kraftwerke verzichtet werden. Deshalb treibt E.ON die Forschung und Entwicklung von klimafreundlichen und effizienteren Kraftwerken, die mit fossilen Brennstoffen betrieben werden, an. Zu diesen Projekten zählt das Hocheffizienzkraftwerk[8] in Antwerpen/Belgien. Ebenfalls werden bereits Müllverbrennungsanlagen (1.324 GWh) und Kraft-Wärme-Kopplungs[9] (KWK)Kraftwerke (1.466 GWh) zur Stromerzeugung genutzt. Wichtig für diese Arbeit ist die E.ON Kraftwerke GmbH (eingegliedert in die E.ON Energie AG), die für die Energieerzeugung zuständig ist und der alle Kraftwerksanteile gehören. Der Umsatz dieses Unternehmens betrug im Jahr 2008 **4.062,800** Mio. €.

---

[7] 134.531 GWh

[8] Steinkohlekraftwerk mit 46% Wirkungsgrad; durchschnittlich erzielen europäische Steinkohlekraftwerke einen Wirkungsgrad von 36%. Die Produktionsaufnahme ist für 2015 geplant.

[9] Bei Kraft-Wärme-Kopplung wird die bei der Elektrizitätserzeugung entstehende Wärme in einem Heizsytem für Fern- oder Nahwärme genutzt. Vgl. Georg Erdmann und Peter Zweifel, *Energieökonomik* (Berlin: Springer Verlag, 2008) S. 318f.

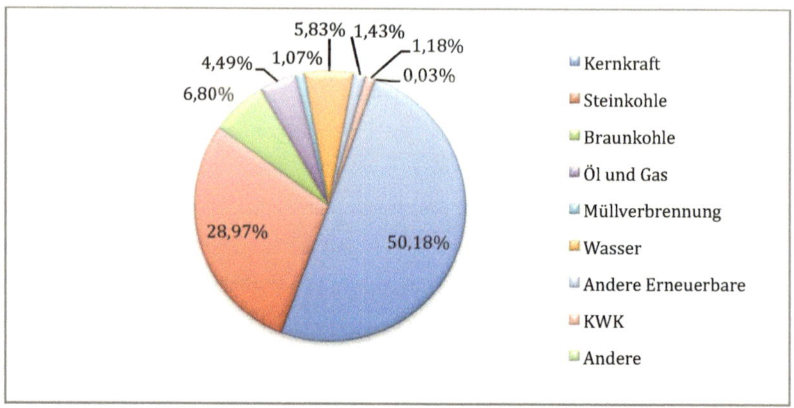

Abbildung 1: Energieoutput E.ON Energie Deutschland 2007

2. Erneuerbare Energien

In diesem Abschnitt wird der Begriff der erneuerbaren Energie eingeführt und die verschiedenen Arten kurz beschrieben. Die Market Unit E.ON *Climate & Renewables* wird vorgestellt, welches eigen für das Vorantreiben der Strom- und Wärmegewinnung aus erneuerbaren Energien gegründet wurde. Ebenfalls werden die für E.ON signifikanten Beschlüsse des EEG[10] aufgezeigt.

Überblick und Beschreibung der erneuerbare Energie

Erneuerbare Energien beschreiben all diejenigen Formen der Energiegewinnung, die nicht auf der Verbrennung von fossilen Energieträgern wie Erdöl, Kohle oder Erdgas und ebenfalls nicht auf technisch erwirkten Kernzerfallsprozessen beruhen. Sie werden aus nachhaltigen, sich selbst erneuenden Quellen gewonnen. In menschlichen Zeiträumen betrachtet stellen sie ein unerschöpfliches Reservoir dar, im Gegensatz zu den begrenzten Vorkommen an fossilen und nuklearen Energieträgern. Der Mensch kann sich die aus der Sonneeinstrahlung auf der Erde entstehenden Energieströme auf verschiedene Arten zu Nutze machen[11].

---

[10] *Gesetz für den Vorrang erneuerbarer Energien (EEG)* (Berlin 15. Oktober 2008).
[11] Vgl. Jürgen Petermann, *Sichere Energie im 21. Jahrhundert* (Hamburg: Hrsg., 2006),S. 204.

Windenergie

Die durch Sonneneinstrahlung entstehenden Tief- und Hochdruckgebiete führen zu einer Konvektion der Luft, dem Wind. Windkraftanlagen können die kinetische Energie des Windes in elektrische umwandeln. Vor allem auf dem Meer stellt diese Form der Stromerzeugung eine sehr gute Alternative zu den konventionellen Verfahren dar. Deutschland ist Vorreiter der Windenergie und hat mit 18.428 MW[12] rund 40 Prozent der weltweiten Windkraftleistung installiert[13].

Verbrennung von Biomasse

Unter Biomasse oder biogenen Festbrennstoffen bezeichnet man einerseits Rückstände aus Industrie und Forstwirtschaft, andererseits Energiepflanzen wie Kurzumtriebsholz (v.a. Pappeln und Weiden) oder Getreidepflanzen[14]. Ebenfalls kann durch Vergärung bestimmter Biomasse ein methanhaltiges Gas produziert werden, das sogenannte Biogas[15]. Man spricht von dem sog. Kreislauf der Biomasse[16]: Die in der Biomasse gespeicherte Energie wird in Strom, Treibstoff oder Wärme umgewandelt und gibt dabei nur genau so viel Kohlenstoffdioxid ab, wie zuvor durch den Organismus der Pflanze gebunden wurde. Auf der Erde werden jährlich 173 Mrd. Tonnen Biomasse produziert, ein Drittel davon im Meer[7].

Solarenergie

Auch die direkte Sonneneinstrahlung kann durch Solarzellen und Fotovoltaikanlagen in Strom und Wärme umgewandelt werden. Diese Systeme müssen jedoch noch weiterentwickelt werden und haben sehr hohe Investitionskosten.

Geothermie

Durch Bohrungen wird versucht, sich die Wärme innerhalb des Erdmantels zu Nutze zu machen, welche auf Restwärme seit der Entstehung der Erde und Kernzefallsprozessen

---

[12] Bezieht sich auf das Jahr 2005.

[13] Vgl. Jürgen Petermann, *Sichere Energie im 21. Jahrhundert* (Hamburg: Hrsg., 2006),S. 227.

[14] Vgl. Jürgen Petermann, *Sichere Energie im 21. Jahrhundert* (Hamburg: Hrsg., 2006),S. 255.

[15] Vgl. Georg Erdmann und Peter Zweifel, *Energieökonomik* (Berlin: Springer Verlag, 2008),S. 222.

[16] Vgl. Jürgen Petermann, *Sichere Energie im 21. Jahrhundert* (Hamburg: Hrsg., 2006), S. 233.

im Gestein beruht. Diese Verfahren benötigen jedoch ähnlich der Solarenergie noch weitere Forschung und Entwicklung[17].

Wasserkraft

Wasserkraftwerke verwandeln die Strömungsenergie des Wassers in elektrische Energie, indem eine Turbine angetrieben wird welche wiederum einen Generator antreibt[18].

E.ON Climate & Renewables

Die im Januar 2008 gegründete Market Unit E.ON *Climate & Renewables* verantwortet die weltweite Planung, den Betrieb und den Ausbau aller weltweiten Aktivitäten des E.ON Konzerns auf dem Gebiet der erneuerbaren Energien und Klimaschutzprojekte im Sinne des Kyoto- Protokolls. Bis 2010 sind Investitionen in Windenergie-, Biomasse- und Solarprojekte mit einem Volumen von 6 Mrd. € geplant[19]. Derzeit verfügt E.ON über eine installierte Kapazität von 1.351 MW aus erneuerbaren Energien, große Pumpspeicherwasserkraftwerke exklusive. Den Hauptanteil der Produktion bilden Onshore-Windkraftanlagen mit 85 Prozent, 6 Prozent fallen auf Offshore-Windanlagen und 5 Prozent auf Biomasse.

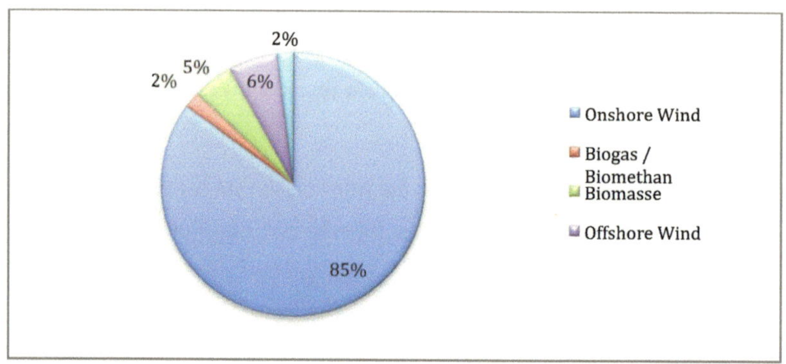

Abbildung 2: Portfolio Erneuerbare Energien E.ON Climate & Renewables

---

[17] Vgl. IFM RWTH Aachen, *Institut für Markscheidewesen, Bergschäden und Geophysik im Bergbau an der RWTH Aachen*, , 2005.

[18] Vgl. Jürgen Petermann, *Sichere Energie im 21. Jahrhundert* (Hamburg: Hrsg., 2006),S. 245.

[19] Vgl. E.ON, „Unternehmensbericht 2008," Unternehmensbericht, E.ON (2008), S. 71.

Als Langzeitziel hat sich E.ON *Climate & Renewables* eine Erhöhung der erneuerbaren Energien auf 10 GW bis 2015[20] gesetzt. Dieses Ziel soll ohne die Zurechnung von großen Wasserkraftwerken(2007 mit einer Kapazität von 6 GW)erreicht werden.

In Deutschland erzielt E.ON in Onshore-Windkraftanlagen derzeit an zwölf Standorten 182,6 MW und betreibt zwei Biomasseheizkraftwerke mit einer Leistung von 25 MW, an sechs Standorten Biogasanlagen mit 5,9 MW und an zwei Standorten Biomethananlagen mit 3,3 MW. Mit *alpha ventus* baut E.ON den ersten deutschen Offshore-Windpark. Dieser befindet sich 45 km vor der Insel Borkum in einer Wassertiefe von etwa 30 Metern und soll 2009 mit 12 Turbinen und einer Leistung von 60 MW seinen Betrieb aufnehmen[21].

Das EEG und dessen Bedeutung für E.ON

Bei dem sog. EEG handelt es sich um das *„Gesetz für den Vorrang erneuerbarer Energien"*, genannt *Erneuerbare Energien Gesetz*. §1 des EEG lautet: „Der Zweck dieses Gesetzes ist es, insbesondere im Interesse des Klima- und Umweltschutzes eine nachhaltige Entwicklung der Energieversorgung zu ermöglichen, die volkswirtschaftlichen Kosten der Energieversorgung auch durch die Einbeziehung langfristiger externer Effekte zu verringern, fossile Energieressourcen zu schonen und die Weiterentwicklung von Technologien zur Erzeugung von Strom aus erneuerbaren Energien zu fördern." Explizit wird das Ziel festgelegt, den Anteil der erneuerbaren Energien an der Versorgung bis 2020 auf mindestens 30 Prozent zu erhöhen und kontinuierlich weiter auszubauen[22]. Erneuerbare Energien im Sinne des Gesetzes sind Wasserkraft einschließlich der Wellen-, Gezeiten-, Salzgradienten- und Strömungsenergie, Windenergie, solare Strahlungsenergie, Geothermie, Energie aus Biomasse einschließlich Biogas, Deponiegas und Klärgas sowie aus dem biologisch abbaubaren Anteil von Abfällen aus Haushalten und

---

[20] Sämtliche Daten dieser Seite sind folgender Quelle entnommen:
E.ON AG, „E.ON Strategy & Key Figures 2008," Broschüre, E.ON (2008), S. 167-173.
[21] Vgl. E.ON, „Unternehmensbericht 2008," Unternehmensbericht, E.ON (2008), S. 71.
[22] Vgl. *Gesetz für den Vorrang erneuerbarer Energien (EEG)* (Berlin 15. Oktober 2008), § 1, Absatz 2.

Industrie[23]. Besonders Relevant für E.ON ist die Vergütungsverordnung, welche eine Mindestvergütung für erneuerbare Energien und Grubengas festlegt, die der Netzbetreiber an den Anlagenbetreiber zahlen muss[24]. Die wesentlichen, für E.ON relevanten Vergütungsverordnungen[25] sind in nachfolgender Tabelle aufgezeigt.

Energieform	Vergütung in Cent pro Kilowattstunde
Wasserkraft	
Anlagenleistung bis 5 MW	
bis Leistung von 500 kW	12,67
bis Leistung von 2 MW	8,65
bis Leistung von 5 MW	7,65
Anlagenleistung über 5 MW	
bis Leistung von 500 kW	7,29
bis Leistung von 10 MW	6,32
bis Leistung von 20 MW	5,80
bis Leistung von 50 MW	4,34
ab Leistung von 50 MW	3,50
Biomasse	
Anlagenleistung bis zu 150 kW	11,67
Anlagenleistung bis zu 500 kW	9,18
Anlagenleistung bis zu 5 MW	8,25
Anlagenleistung bis zu 20 MW	7,79
Stromerzeugung aus Geothermie	
Anlagenleistung bis zu 10 MW	16,0
Anlagenleistung ab 10 MW	10,5
Aufschlag in Cent pro Kilowatt für Anlagen, die vor dem 01.01.2016 in Betrieb genommen werden	+ 4,0
Windenergie	
„Onshore"	
Grundvergütung	5,02
ersten 5 Betriebsjahre (Anfangsvergütung)	9,2
„Offshore"	
Grundvergütung	3,5
ersten 12 Betriebsjahre (Anfangsvergütung)	13
Aufschlag in Cent pro Kilowatt für Anlagen, die vor dem 01.01.2016 in Betrieb genommen	+ 2

---

[23] Vgl. *Gesetz für den Vorrang erneuerbarer Energien (EEG)* (Berlin 15. Oktober 2008), § 3, Absatz 3.

[24] Vgl. *Gesetz für den Vorrang erneuerbarer Energien (EEG)* (Berlin 15. Oktober 2008), § 16, Absatz 1.

[25] Vgl. *Gesetz für den Vorrang erneuerbarer Energien (EEG)* (Berlin 15. Oktober 2008), §§ 23-33.

werden

| Solare Einstrahlung | 31,94 |

Tabelle 2: Vergütungsverordnung nach EEG

3. E.ON und Kernenergie

Aktuelle Situation

Die E.ON AG hält zum 01. Januar 2008 Anteile (jeweils mind. 12,5%) an elf der siebzehn in Betrieb befindlichen deutschen Kernkraftwerke, die damit rund 10% desgesamtdeutschenEnergiemixesbereithalten. Mit 62.214 GWh (E.ON 2008)liegt der Anteil der Kernenergie an der Gesamtbruttostromerzeugung der E.ON AG in Deutschland bei knapp 50%. Die (anteilige) Leistung der Kraftwerke liegt zwischen 166 und 1345 MW.

Energie aus dem Atom

In Kernkraftwerken wird die Energie durch die kontrollierte Spaltung von Urankernen erzeugt. Die durch den Zerfallsprozess entstehende Wärme heizt Wasser zu Dampf um welcher eine Turbine antreibt[26].

Sicherheit und Lagerung von Atommüll

Zentrales Thema der allgemeinen Diskussion über die Nutzung der Kernkraft ist die Frage über die sichere und dauerhaft wirksame Endlagerung von Atommüll. Unter Atommüll versteht man zum einen die Brennelemente sondern auch die durch den Betrieb verstrahlten Filterschwämme, Kühlmittel und Ersatzteile. Ebenfalls sind nach der Abschaltung eines Kernkraftwerkes beträchtliche Teile des Reaktormeilers ansich als Sondermüll zu behandeln. Plutonium-239 ist ein Produkt aus der Zerfallsreaktion und für den Menschen absolut tödlich, bereits einige Milligramm eingeatmeter Staub führen zum Tod jeden Mensch und Tieres. Verschärft wird dieser Umstand das

---

[26] Vgl. Jürgen Petermann, *Sichere Energie im 21. Jahrhundert* (Hamburg: Hrsg., 2006),S. 165f.

Plutonium eine viertel Millionen Jahre braucht, bis es dermaßen zerfallen ist um für den Menschen nicht mehr gefährlich zu sein[27]. Nach Überlegungen Atommüll in Raketen Richtung Sonne zu schießen oder in der Tiefsee zu versenken, spricht der Konsenz der Experten heute für eine Lagerung untertage. In geologisch-stabilen, d.h. nicht von Eiszeiten oder sonstigen Naturereignissen beeinflussbaren, Schichten soll Strahlungsmüll in versiegelten Kupferbehältnissen in großen Tiefen gelagert werden. Dafür in Frage kommen Salz-, Ton- sowie Granitschichten, da diese eine sehr niedrige Wasserdurchlässigkeit aufweisen. Dies ist besonders wichtig da Wasser die Behälter durch Oxidation zersetzen und radioaktiv- verseuchtes Material aus den Lagerstätten hinaus könnte[28]. Weiterer wichtiger Diskussionspunkt ist die Sicherheit vor terroristischen Attacken gegen Atomkraftwerke sowie das Verhindern von militarischen Missbrauch von Plutonium. In Deutschland ist kein Kraftwerk konstruiert einem Flugzeugabsturz in den Reaktor standzuhalten. Die Umrüstungen gegen derartige Anschläge sind äußerst teuer und schwierig[29].

Zukunft der Kernenergie

„Die Zukunft der Atomenergie hängt davon ab, ob die wirtschaftliche Wettbewerbsfähigkeit, ob Management und Lagerung des Atommülls soeie die Sicherheit verbessert und die Proliferationsrate[30] reduziert werden können." (IAEA. Jahresbericht 2004)[31]. Allgemein ist festzustellen das wenige Kernkraftwerke in der westlichen Welt zugebaut werden, lediglich waren es im Jahr 2006 siebenundzwanzig Stück[31]. Man kann aber einen deutlichen Trend zu Laufzeitverlängerungen erkennen, in den USA wurde die Laufzeit von 80 von 104 Kernkraftwerken bereits auf 60 Jahre verlängert[31]. Allein China expandiert auf dem Kernenergiemarkt und möchte bis 2010 Kapazitäten in Höhe von 60000 Megawatt installieren. Ein weiteres gravierendes

---

[27] Vgl. Jürgen Petermann, *Sichere Energie im 21. Jahrhundert* (Hamburg: Hrsg., 2006),S. 178.
[28] Vgl. Jürgen Petermann, *Sichere Energie im 21. Jahrhundert* (Hamburg: Hrsg., 2006),S. 180f.
[29] Vgl. Jürgen Petermann, *Sichere Energie im 21. Jahrhundert* (Hamburg: Hrsg., 2006),S. 169.
[30] Weitergabe von Atomwaffen od. Mitteln zu deren Herstellung an Länder, die selbst keine Atomwaffen entwickelt haben; DUDEN Fremdwörterbuch
[31] Vgl. Jürgen Petermann, *Sichere Energie im 21. Jahrhundert* (Hamburg: Hrsg., 2006),S. 171ff.

Problem ist die schwindende Verfügbarkeit des Urans, bei heutiger Nutzenintensität sind die Reserven in dreißig Jahren erschöpft[31].

4. Szenarioanalyse

Zu Beginn werden die Annahmen der Fallstudie aufgezeigt, auf denen die Berechnungen der einzelnen Szenarien beruhen. Danach werden folgende drei Szenarien beschrieben und analysiert: Szenario A geht von dem Fall aus, dass das im EEG gesetzte Ziel von einem Anteil von 30 Prozent der Stromgewinnung aus erneuerbaren Energien erzielt wird, jedoch unter Verlängerung der Laufzeiten für Kernkraftwerke. In Szenario B werden die Kernkraftwerke abgeschaltet und ihre Leistung wird allein durch erneuerbare Energien ersetzt. In Szenario C gibt es einen vollkommen freien, sich selbst regulierenden Strommarkt ohne jegliche umwelt- oder klimapolitischen Restriktionen des Staates.

Alle Szenarien beziehen sich ausschließlich auf die Stromerzeugung und den Kraftwerkpark von E.ON Energie Deutschland.

Annahmen der Szenarioanalyse

4.1.1. Zentrale Annahmen

- In dieser Arbeit wird ausschließlich die Erzeugung der Energie betrachtet. Vereinfacht nehmen wir an, dass die Kosten für die Übertragung, d.H. die Netznutzung konstant bleiben und betrachten diese nicht weiter.
- Bisher werden die Bereiche der konventionellen Energien (fossile, Kernenergie – *E.ON Kraftwerke GmbH*) und der erneuerbaren Energien (*E.ON Climate & Renewables*) voneinander getrennt. Sie generieren getrennte Umsätze und Gewinne. Wir betrachten eine fiktive Market Unit, die als Holding beide Unternehmen vereint, um den Kraftwerkspark mit seinen Kosten vollständig abbilden zu können.

- Die Bruttostromerzeugung in Deutschland bleibt bis 2020 nahezu konstant[32] (sie ist sogar etwas rückläufig).

- Die Energie, die von Müllverbrennungsanlagen und KWK Anlagen geliefert wird, bleibt bis 2020 konstant und wird somit nicht weiter betrachtet.

- Wir gehen davon aus, dass die zwei in Besitz der E.ON AG befindlichen Ölkraftwerke[33] auf Grund der Laufzeit und der Rentabilität im Jahre 2020 abgeschaltet werden und lassen sie aus der Rechnung heraus.

- Sämtliche Werte, die in den Quellen auf alle Energieerzeuger in Deutschland gerichtet sind, sind prozentual gewichtet gegenüber dem Anteil der Energieerzeugung der E.ON AG in Deutschland (ca. 10%[34]).

- Wir nehmen also als die im Jahre 2020 zu liefernde Energiemenge **120.000 GWh**[35]an.

4.1.2. Stromgestehungskosten

Unter den sog. Stromgestehungskosten versteht man die spezifischen Kosten, die für den Betrieb eines bestimmten Kraftwerkstyps pro Energieeinheit anfallen. Typischerweise werden diese Kosten in € pro MWh angegeben. Diese Kosten berücksichtigen **sämtliche** Posten, die ein Kraftwerk verursacht.[36] Dazu gehören u.a.:

- Errichtungskosten und damit den **abgezinsten** Abschreibungsbetrag pro Jahr verteilt auf die pro Jahr erzeugte Energiemenge (unter der Annahme, dass eine gleichmäßige Abschreibung über die kalkulatorische Lebensdauer erfolgt)

- Personal-, Instandhaltungs- und Versicherungskosten

- Kosten für CO_2Emissionen (Zertifikate)

- Steuern (hier sind nicht die Strompreissteuern gemeint)

---

[32] Vgl. Bundesamt für Umwelt, „Erneuerbare Energien," *Weiterentwicklung der Ausbaustrategie Erneuerbare Energien Leitstudie 2008*, Oktober 2008, S. 21.

[33] E.ON AG, „E.ON Strategy & Key Figures 2008," Broschüre, E.ON (2008), S.40.

[34] Bundesverband der Energie- und Wasserwirtschaft, *Brutto-Stromerzeugung 2008 nach Energieträgern in Deutschland*, 24. Februar 2009

[35] Geschätzt für 2020 ohne KWK und Müllverbrennung

[36] Vgl. Panos Konstantin, *Praxisbuch Energiewirtschaft* (Berlin: Springer Verlag, 2007).

- Brennstoffkosten (sofern benötigt)

- Rückbaukosten für den rückstandsfreien Abbau eines Kraftwerks („Grüne Wiese")

<u>Nicht</u> berücksichtigt werden:

- Übertragungskosten, da diese nicht für den Stromerzeuger, sondern für den Netzbetreiber anfallen

Hierbei muss zwischen bereits bestehenden Anlagen und neu errichteten (und damit noch nicht abgeschriebenen) Anlagen unterschieden werden. Es wird vereinfacht angenommen, dass alle im Jahr 2008 bestehenden Kraftwerke und Anlagen im Jahr 2020 vollständig abgeschrieben sind. Für sie fallen ab diesem Zeitpunkt keine Kapitalkosten mehr an. Es zeigt sich, dass trotz der weggefallenen Kapitalkosten die Stromgestehungskosten für neue Anlagen geringer ausfallen. Dies liegt darin begründet, dass zukünftig für verschiedene Anlagentypen eine hohe Effizienzsteigerung und Senkung der Errichtungskosten (auch durch Subventionen o.Ä.) erwartet wird. Die Stromgestehungskosten der betrachteten Kraftwerke sind verschiedenen Quellen entnommen und in der folgenden Tabelle zusammengefasst.

Kraftwerkstyp	Stromgestehungskosten bestehend in €/MWh	Stromgestehungskosten neu in €/MWh
Braunkohlekraftwerk	20,63[37]	35,55[37]
Steinkohlekraftwerk	30,60[37]	47,26[37]
GuD Kraftwerk	43,25[37]	52,48[37]
Gasturbine	79,03[37]	103,69[37]
Kernkraftwerk	19,38[38]	39,16[38]
Wasserkraftwerk	38,00[39]	70,00[39]
Onshore Windanlage	66,00[39]	75,00[39]
Offshore Windanlage	k.A.	93,00[40]
Solar-Parabolrinnenanlage	45,32[41]	153,11[41]

---

[37] Panos Konstantin, *Praxisbuch Energiewirtschaft* (Berlin: Springer Verlag, 2007), S.237 mit/ohne Kapitalkosten.

[38] Panos Konstantin, *Praxisbuch Energiewirtschaft* (Berlin: Springer Verlag, 2007), S.249.

[39] Bundesamt für Umwelt. „Erneuerbare Energien." *Weiterentwicklung der Ausbaustrategie Erneuerbare Energien Leitstudie 2008*. Oktober 2008.

[40] Christoph Böhm, *Analyse der Stromgestehungskosten von erneuerbaren Energien heute und in Zukunft* (GRIN Verlag, 2009), S.16.

Biogasanlage	129,00[39]	102,00[39]
Biomassekraftwerk	87,00[39]	71,00[39]
Geothermie	330,00[39]	57,00[39]
Import erneuerbarer Energien	83,00[39]	83,00[39]

4.1.3. Laufzeiten

Die realen Laufzeiten der fossil-befeuerten Kraftwerke werden nicht nach der Dauer der Abschreibung (kalkulatorische Lebensdauer) bemessen, sondern mit aus der Praxis ermittelten Werten[42]:

Kraftwerkstechnologie	Laufzeit
Gasbefeuerte Dampfkraftwerke	40 Jahre
GuD- Kraftwerk[43]	40 Jahre
Gasturbinen	50 Jahre
Steinkohlekraftwerke	45 Jahre
Braunkohlekraftwerke	45 Jahre
Ölkraftwerke	40 Jahre

Wenden wir diese Werte auf den im Jahre 2008 bestehenden Kraftwerkspark der E.ON AG an, so fällt auf, dass bis zum Jahre 2020 einige der Kraftwerke auf Grund ihres Alters stillgelegt werden. Angenommen wird, dass folgende Kapazitäten wegfallen:

- Gasturbinen in Höhe von 2.059 MW

- Steinkohlekraftwerke in Höhe von 3.210 MW

Daraus folgt insgesamt eine Einbuße von knapp 20.300 GWh (17%).

---

[41] Panos Konstantin, *Praxisbuch Energiewirtschaft* (Berlin: Springer Verlag, 2007), S.259 umgerechnet von $ ohne/mit Kapitalkosten
[42] Vgl. Deutsche Energie-Agentur GmbH, „Kurzanalyse der Kraftwerks-und Netzplanung in Deutschland bis 2020 (mit Ausblick auf 2030)," 12. März 2008, S. 3.
[43] Gas- und Dampf- Kombikraftwerk

4.1.4. Stromoutput der Kraftwerke

Kraftwerke laufen im Allgemeinen nicht das gesamte Jahr hindurch. Anlagen mit schneller Anlaufzeit verursachen besonders hohe Stromgestehungskosten und werden nur zur Deckung des Hochlast-Energiebedarfs eingesetzt. Dadurch erreichen sie eine im Gegensatz zu Grundlast-Kraftwerken eine geringe Anzahl an Betriebsstunden pro Jahr. Solar- und Windkraftanlagen sind natürlichen Gegebenheiten ausgesetzt und können somit ebenfalls nicht ständig in Betrieb sein.Die Betriebsstunden pro Jahr werden für die zukünftigen Szenarien auf gängige Werte gesetzt. Gegenwärtig laufen die Kraftwerke im E.ON Park auf einer geringeren Anzahl Stunden (siehe dafür Abschnitt 0). Für die Berechnungen des Stromoutputs von neugebauten Kraftwerken werden folgende Kennzahlen je Kraftwerkstyp herangezogen (zu Grunde liegt ein Jahr mit 8760 Stunden).

Kraftwerkstyp	Leistungskapazität [MW]	Betriebstunden [h/a]	Stromoutput[44] [GWh]
Braunkohle	1000[45]	7500[45]	7500
Steinkohle	500[45]	5500[45]	2750
GuD	400[45]	5000[45]	2000
Gasturbine	150[45]	1250[45]	187,5
Kernkraft	1300[46]	7500[46]	9750
Solar-Parabolrinnen	30[47]	2000[47]	60
Onshore Wind	45 x 2 = 90[48][49]	2000[48]	180
Offshore Wind	12 x 5 = 60[50]	3370[51]	202,2
Biogas	2[51]	6900[51]	13,8

---

[44] Die erzeugte Energie berechnet sich aus dem Produkt aus Kapazität in MW und Betriebstunden geteilt durch 1000.

[45] Vgl. Panos Konstantin, *Praxisbuch Energiewirtschaft* (Berlin: Springer Verlag, 2007),S.237.

[46] Vgl. Panos Konstantin, *Praxisbuch Energiewirtschaft* (Berlin: Springer Verlag, 2007),S.249.

[47] Vgl. Panos Konstantin, *Praxisbuch Energiewirtschaft* (Berlin: Springer Verlag, 2007),S.259.

[48] Vgl. Panos Konstantin, *Praxisbuch Energiewirtschaft* (Berlin: Springer Verlag, 2007),S.259.

[49] Für die Rechnungen wird ein Windpark mit 45 Anlagen à 2 MW betrachtet.

[50] Windpark alpha ventus, Vgl. E.ON, „Unternehmensbericht 2008,“ Unternehmensbericht, E.ON (2008), S. 71.

[51] Vgl. Bundesamt für Umwelt, „Erneuerbare Energien,“ *Weiterentwicklung der Ausbaustrategie Erneuerbare Energien Leitstudie 2008*, Oktober 2008, S. 170f.

| Feste Biomasse | 30[51] | 6800[51] | 204 |
| Geothermie | 0,5[52] | 6500[51] | 3,25 |

4.1.5. Wasserkraft

Wasserkraftwerke sind Energiespeicher und werden zum kurzzeitigen Lastausgleich bei hohem Energiebedarf eingesetzt. Der Neubau eines Wasserkraftwerkes wird durch viele politische, gesellschaftliche und umweltschutzbedingte Faktoren stark erschwert. Experten gehen nicht davon aus, dass diese Art von Kraftwerken ein hohes Energiesteigerungspotential besitzt[53]. Wir nehmen an, dass sich durch Renovierungs- und Effizienzsteigerungsmaßnahmen die von Wasserkraftanlagen produzierte Energiemenge von ca 7.200 GWh/a auf 8.500 GWh/a steigern lässt. Sie tragen somit im Jahre 2020 7,08% erneuerbare Energien zu unserem Energiemix hinzu.

4.1.6. Bestehende Erneuerbare Energien

Wir gehen nicht von einem Rückbau der bisher bestehenden Anlagen für erneuerbare Energien aus. Daher nehmen wir auch für das Jahr 2020 einen bereits bestehenden EE-Park mit der erzeugten Energie von ca. 1.775 GWh/a an. Da der heutige EE-Energiemix zu 85% aus Onshore Windanlagen besteht (s. Abbildung 2: Portfolio Erneuerbare Energien E.ON Climate & Renewables) werden hierfür der Einfachheit halber Stromgestehungskosten für bestehende Onshore Windanlagen im Jahr 2020 angenommen. Diese werden auf 75 €/MWh beziffert. Die bestehenden Windanlagen tragen im Jahre 2020 1,48% erneuerbare Energien zu unserem Energiemix hinzu.

4.1.7. Technische Realisierbarkeit

Bereits heute ist es eine kleine Herausforderung den Bedarf der Verbraucher im Stromnetz mit der erzeugten Energie der einspeisenden Anlagen in Einklang zu bringen.

---

[52] Martin Kaltschmitt und Marcus Müller, *Geothermische Stromerzeugung - Laufende Aktivitäten & deren Einordnung*, 18. Oktober 2007, S. 14, 17

[53] Panos Konstantin, *Praxisbuch Energiewirtschaft* (Berlin: Springer Verlag, 2007), S 265.

Beispielsweise findet man bei besonders starken Böen nicht zwangsläufig viele Abnehmer für die entstandene Windenergie (z.B. Nachts). Strom kann nicht (oder nur sehr aufwändig) zwischengespeichert werden. Es bedarf einer komplexen Regelung, die Wettergegebenheiten vorhersieht und dementsprechende Maßnahmen einleitet. Bei einem derart rasanten Zuwachs an Wind- und Solareinspeisungen in das Stromnetz, wie er in unseren Szenarien prognostiziert wird, wird eine solche Regelung bei dem heutigen Stand der Technik die starken Schwankungen nicht abfangen können. Wir nehmen daher an, dass bis zum Jahre 2020 eine Technik entwickelt sein wird, mit Hilfe derer eine Regelung einer um einiges höheren, schwankenden Einspeisung möglich ist.

4.1.8. Neubau von Kraftwerken

Die E.ON AG plant[54] den Bau von drei Steinkohlekraftwerken mit einer Gesamtkapazität von 2.700 MW und zwei GuD Kraftwerkes mit einer Kapazität von 1.400 MW. Mit diesen Plänen wird in den einzelnen Szenarien unterschiedlich umgegangen.

4.1.9. CO$_2$Emissionen

Im Jahre 2005 wurde EU weit der Handel mit CO_2 Zertifikaten eingeführt. Der Handel und der Preis von CO_2 Zertifikaten soll allerdings nicht Gegenstand dieser Arbeit sein. In der Literatur sind (vereinfacht) CO_2 Kosten für diverse Kraftwerkstypen angegeben. Hier wurden sie auf MWh heruntergebrochen und werden folgendermaßen angegeben:

Kraftwerkstyp	Kosten für CO_2 Emissionen in €/MWh
Braunkohlekraftwerk	4,66
Steinkohlekraftwerk	1,27
GuD Kraftwerk	0,14
Gasturbinen	0,36

Tabelle 6: CO$_2$ Emissionskosten

---

[54] E.ON Kraftwerke GmbH, *E.ON Kraftwerke Neubauprojekte*, 2009

Die Gewinnung von elektrischer Energie aus Wind, Biomasse und Solarzellen wird nicht nur von hohen Investitions- und Betriebskosten begleitet, sondern auch von einem immensen Platzbedarf. Um dieses Problem zu quantifizieren werden auf Grund folgender Daten die benötigten Flächen berechnet.

Windenergie

Windkraftanlagen stehen in der Regel mit einem Abstand von 500 Metern[55] auseinander. Folglich können auf einem Quadratkilometer vier Anlagen installiert werden. Wir gehen weiter von einem Windpark mit 45 Anlagen mit ingesamt 90 MW aus. Daraus berechnet sich ein Flächenbedarf von 11,25 km^2 pro Windpark.

Biogene Festmasse

Durch bewirtschaften einer Kurzumtriebsholzplantage[56] können jährlich etwa zwölf Tonnen Trockenmasse pro Hektar geerntet werden. Getrocknetes Holz hat einen Heizwert von 4 kWh pro kg[57], folglich 4 MWh pro Tonne. Ein 30 MW Biomassekraftwerk produziert mit 6.800 Betriebsstunden einen Output von 204.000 MWh pro Jahr. Gehen wir davon aus, dass dieses nur mit von Kurzumtriebsplantagen stammendem Holz befeuert wird, benötigt es dafür nach obiger Überlegung 51.000 t Holz. Es wird ein Wirkungsgrad des Kraftwerkes von 69% angenommen, folglich ist also mehr Holz benötigt, nämlich 7.3910 t, die auf 6.160 ha Land angebaut werden können. Des Weiteren soll eine kontinuierliche Energieerzeugung aus Biomassekraftwerken gewährleistet werden, weshalb man, wenn man von einem Ernteintervall von drei Jahren ausgeht, auch drei Plantagen der gleichen Größe benötigt. Folglich benötigt ein Kraftwerk drei Plantagen mit einer Gesamtfläche von 18.480 ha, also 184,8 km^2.

---

[55] Ausbaustrategie Erneuerbare Energien, Leitstudie 2008, Bundesministerium für Umwelt, S. 72.
[56] Landflächen werden mit schnell wachsenden Holzarten (Pappeln, Weiden) bewirtschaftet, die in regelmäßigen Intervallen (2- 7 Jahre) als Energiepflanzen geerntet werden.
Vgl. C. Rösch, u.a. , *Energie aus dem Grünland - Eine nachhaltige Entwicklung?*, (Karlsruhe: Forschungszentrum Karlsruhe in der Helmholtz-Gemeinschaft, 2007).
[57] Vgl. Fritz Brandt, *Brennstoffe und Verbrennungsrechnung* (FDBR, 1999), S.3.

Solar-Parabolrinnen

Ein Solar-Parabolrinnen Kraftwerk mit einer Leistungskapazität von 30 MW nimmt eine Fläche von 220.000 m^2 ein[58].

Berechnung

Die obengenannten, benötigten Flächen je Erzeugungsart werden mit der Anzahl der gebauten Anlagen im jeweiligen Szenario multipliziert und in Relation mit der Fläche von Nordrhein- Westfalen (34.088,31 km^2) gesetzt.

Kraftwerkspark 2007

Um die jeweiligen Szenarien besser vergleichen zu können, soll zuerst der im Jahre 2007 bestehende Kraftwerkspark vorgestellt werden. Unter der Annahme, dass Müllverbrennungs- und KWK Anlagen für unsere Szenarien keine Relevanz besitzen, verfügt die E.ON AG im Jahre 2007 über einen Kraftwerkspark mit einer Gesamtleistung von 25.845 MW und einem Energieoutput von 121.145 GWh/a. Für die Stromgestehungskosten werden die gleichen Werte wie in den drei Szenarien verwendet (s. Abschnitt 4.1.2).

Kraftwerkstyp	Anzahl KW	Output in %	Kosten in Mio. €/a
Braunkohle	3	6,96	174,014
Steinkohle	20	29,65	1.099,183
Gasturbinen & Ölkraftwerke	17	4,60	440,039
Kernkraftwerke	11	51,35	1.205,707
Wasserkraftwerke	9	5,97	274,816
Andere Erneuerbare	*	1,47	133,125
Gesamt	60	100	**3.326,884**

Tabelle 7: Kraftwerkspark 2007

---

[58] Vgl. Panos Konstantin, *Praxisbuch Energiewirtschaft* (Berlin: Springer Verlag, 2007), S.259.

Berechnet mit den angenommenen Stromgestehungskosten, kostet die reine Stromerzeugung der E.ON AG jährlich knapp 3,3 Mrd. €.

Szenario A

Für das erste zu untersuchende Szenario wird angenommen, dass das im Jahre 2008 verabschiedete Erneuerbare Energiengesetz (EEG) auf die jeweiligen Energieversorger übertragen wird und sie alle im Jahre 2020 die Mindestmenge an erneuerbaren Energien von 30% zu liefern haben. Somit muss die E.ON AG ca. 36.000 GWh/a an erneubaren Energien erzeugen. Wir nehmen an, dass die Kernkraftwerke einer Laufzeitverlängerung unterliegen und bis zum Jahr 2020 nicht abgeschaltet sind.

4.1.11. Ausgangssituation

Wir gehen davon aus, dass die unter Abschnitt4.1.3 beschriebenen Kraftwerke vom Netz gegangen sind. Weiterhin werden folgende Kraftwerkskapazitäten abgeschaltet, um den Anteil von ca. 30% erneuerbaren Energien einhalten zu können:

- Braunkohle: 369 MW (Ein Kraftwerk)

- Gasturbinen: 1.608 MW (Acht Kraftwerke)

- Steinkohle: 2.595 MW (Siebzehn Kraftwerke)

- Kernenergie: 878 MW (Ein Kraftwerk)

der jeweils bestehenden Kraftwerke.

Weiterhin wird lediglich ein neues Steinkohlekraftwerk (1.100 MW) sowie die geplanten GuD Kraftwerke (1.400 MW) gebaut. Somit bekommen wir einen Kraftwerkspark, der bisher 71,85% der zu liefernden Energie abdeckt.

Kraftwerkstyp	Anzahl KW	Output in %	Kosten in Mio. €/a
Braunkohle	2	5,91	146,370
Steinkohle bestehend	3	7,61	279,546

Steinkohle neu	1	5,04	285,923
GuD neu	2	5,83	367,360
Gasturbine	6	0,58	54,531
Kernkraftwerke	10	46,88	1.090,125
<u>Gesamt</u>	23	71,85	**2.223,855**

Tabelle 8: Fossilbefeuerte Kraftwerke Szenario A

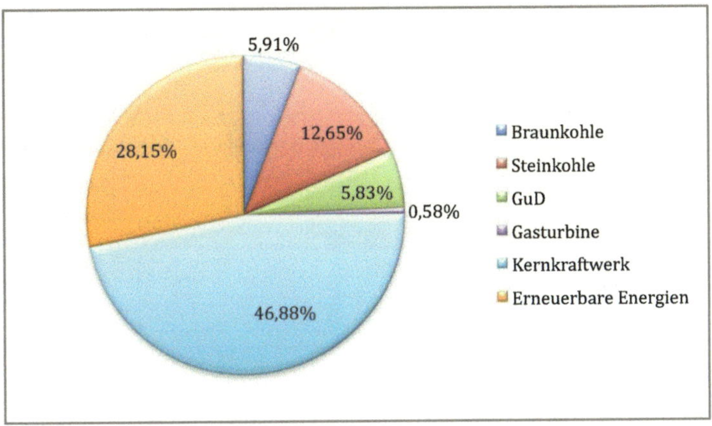

Abbildung 3: Anteile der Stromerzeugung Szenario A

4.1.12. Neuer Kraftwerkspark EE

Es werden bereits 8,56% der benötigten Energiemenge von erneuerbaren Energien gedeckt (Wasserkraft 7,08%, andere EE 1,48%). Es wird ein Mix aus erneuerbaren Energien gesucht, der die fehlenden 19,59% der Energie vollständig ausfüllt. Eine weitgehend realistische Lösung stellt der in der folgenden Tabelle aufgezeigt EE-Park dar.

Kraftwerkstyp	Anzahl KW	Output in %	Kosten in Mio. €/a
Wind Onshore	85	12,75	1.009,800
Wind Offshore	5	0,84	94,023
Solaranlagen	15	0,75	191,700
Biogasanlagen	30	0,35	42,228
Biomassekraftwerk	25	4,25	362,100
Geothermie	5	0,01	0,926
EE Import		0,64	63,350
<u>Gesamt</u>	165	19,59	**1.764,130**

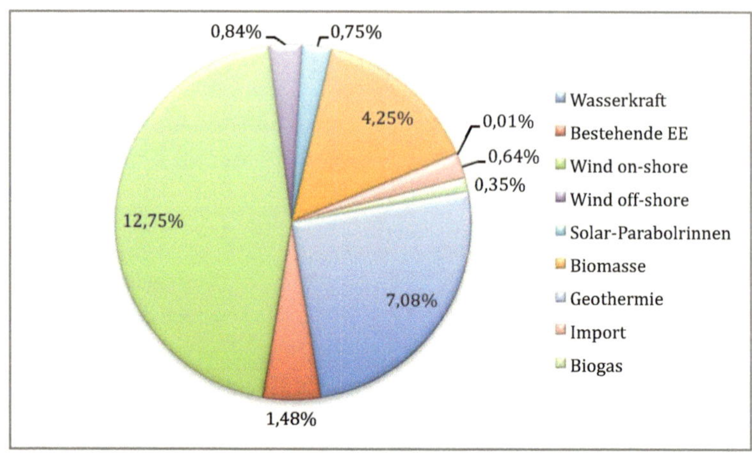

Abbildung 4: Anteile der erneuerbaren Energien Szenario A

Gemeinsam mit den Kosten für Wasserenergie (323 Mio. €/a) und denen der bestehenden EE Anlagen (133,125 Mio. €/a) entstehen Gesamtkosten von **2.220,255** Mio. €/a für die aus erneuerbaren Energieträgern gelieferte Energie.

4.1.13. Ökonomische Betrachtung

Die Erzeugung des Energiemixes für das Szenario A setzt sich also aus den jährlichen Kosten für fossilthermische und Kernkraftwerke und den Kosten für die Anlagen mit regenerativen Energien zusammen. Insgesamt kostet die Erzeugung des Stromes aus Szenario A der E.ON AG knapp 4,44 Mrd. € pro Jahr.

4.1.14. Ökologische Betrachtung

Unsere Berechnungen ergeben, dass dieser Energiemix unter Berücksichtigung der in Abschnitt 4.1.9 getroffenen Annahmen einen CO_2 Ausstoß von **2.781.910** t pro Jahr zur Folge hat. Allein diese Emissionen bescheren dem Konzern CO_2-Zertifikatskosten in

Höhe von 53,58 Mio €. Die benötigte Fläche für Wind-, Solar- und Biomasseanlagen würde 5.579,55 km² betragen.

Szenario	Art der Anlage	Anzahl der Anlagen	Flächenbedarf pro Anlage	Gesamt- fläche -	Anteil an der Fläche von NRW
A	--	--	km²	km²	%
	Wind	85	11,25	956,25	2,81%
	Biomasse	25	184,80	4.620,00	13,55%
	Solar	15	0,22	3,30	0,01%
Gesamt				5.579,55	16,37%

Tabelle 10: Flächenbedarf Szenario A

Szenario B

In diesem Szenario wird der vollständige Ausstieg der E.ON AG aus der Kernenergie bis zum Jahre 2020 angenommen. Die Kernenergie (und allein diese) soll vollständig durch erneuerbare Energien ersetzt werden.Der Kraftwerkspark, der durch diese Umstellung entsteht, wird im Folgenden vorgestellt.

4.1.15. Ausgangssituation

Es wird davon ausgegangen, dass die unter Abschnitt 4.1.3 genannten Kraftwerke stillgelegt worden sind. Bis auf den gesamten KKW Park werden keine weiteren Kraftwerke vom Netz genommen und die Bauvorhaben der vier neuen Kraftwerke wie geplant umgesetzt. Die folgende Tabelle gibt einen Überblick.

Kraftwerkstyp	Anzahl KW	Output in %	Kosten in Mio. €/a
Braunkohle	3	8,22	203,463
Steinkohle bestehend	8	19,51	716,285
Steinkohle neu	3	12,60	714,808
GuD neu	2	5,83	367,360
Gasturbine	8	2,25	213,381
Kernkraftwerke	0	0	0
Gesamt	24	48,41%	**2.215,297**

Tabelle 11: Fossilbefeuerte Kraftwerke Szenario B

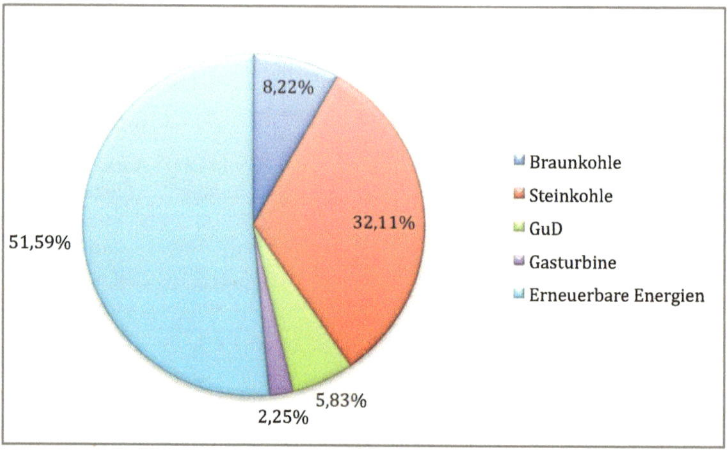

Abbildung 5: Anteile der Stromerzeugung Szenario B

4.1.16. Neuer Kraftwerkspark EE

Bei Weiterbestand der bisher in Betrieb befindlichen Kraftwerke für erneuerbare Energien (8,56%) ergibt sich eine Versorgungslücke von 44,50%, die durch neu errichtete Anlagen gedeckt werden muss. Beispielhaft für einen solchen Kraftwerkspark soll der nun folgende sein.

Kraftwerkstyp	**Anzahl KW**	**Output in %**	**Kosten in Mio. €/a**
Wind Onshore	160	24,00	1.900,800
Wind Offshore	25	4,21	470,000
Solaranlagen	60	3,00	766,800
Biogasanlagen	60	0,69	84,456
Biomassekraftwerk	60	10,20	869,040
Geothermie	5	0,01	0,926
EE Import		2,39	237,816
Gesamt	165	19,59	**4.329,950**

Tabelle 12: Portfolio der erneuerbaren Energien Szenario B

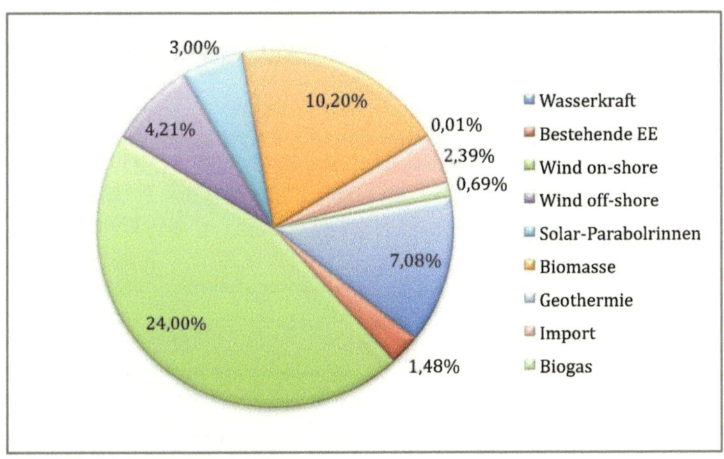

Abbildung 6: Anteile der erneuerbaren Energien Szenario B

Gemeinsam mit den Kosten für Wasserenergie (323 Mio. €/a) und denen der bestehenden EE Anlagen (133,125 Mio. €/a) entstehen Gesamtkosten von **4.786,075 Mio. €/a** für die aus erneuerbaren Energieträgern gelieferte Energie.

4.1.17. Ökonomische Betrachtung

Da die Kernkraftwerke bereits abgeschrieben sind und somit auch die Rückbaukosten, wird der Konzern für den Rückbau nicht weiter finanziell belastet. Dennoch entstehen Kosten von insgesamt knapp 7,00 Mrd. € pro Jahr, um den Strombedarf zu decken.

4.1.18. Ökologische Betrachtung

Pro Jahr werden von diesem Kraftwerkspark **5.389.080 t** CO2 freigesetzt. Dies hat Zertifikatskosten von 96,85 Mio. €/a zur Folge. Die benötigte Fläche für Wind-, Solar- und Biomasseanlagen würde 12.901,20 km² betragen.

Szenario	Art der Anlage	Anzahl der Anlagen	Flächenbedarf pro Anlage	Gesamt-fläche -	Anteil an der Fläche von NRW
B	--	--	km²	km²	%
	Wind	160	11,25	1.800,00	5,28
	Biomasse	60	184,80	11.088,00	32,53
	Solar	60	0,22	13,20	0,04
Gesamt				12.901,20	37,85

Tabelle 13: Flächenbedarf Szenario B

Szenario C

In diesem Szenario handelt E.ON auf einem sich selbst regulierenden Strommarkt ohne Eingriffe des Staates. Wir vernachlässigen das Gesetz zum Atomausstieg, das Erneuerbare Energiengesetz und die CO2 Zertifikate.

4.1.19. Ausgangssituation und neuer Kraftwerkspark

Bis auf die Abschaltungen aus Abschnitt 4.1.3 ändert sich an dem bestehenden Kraftwerkpark nichts. Die geplanten Kraftwerke (Abschnitt 4.1.8) werden errichtet und sind bis zum Jahr 2020 fertiggestellt.

Kraftwerkstyp	Anzahl KW	Output in %	Kosten in Mio. €/a
Braunkohle	3	7,91	157,504
Steinkohle bestehend	8	18,78	686,557
Steinkohle neu	3	12,14	695,599
GuD neu	2	5,62	358,470
Gasturbine	8	2,17	212,409
Kernkraftwerke	11	45,14	1.090,125
Erneuerbare Energien			
Wasserkraft	9	6,82	323,000
Andere EE	*	1,42	133,125
Gesamt	24	100%	**3.656,789**

Tabelle 14- Anteile der Stromerzeugung Szenario C

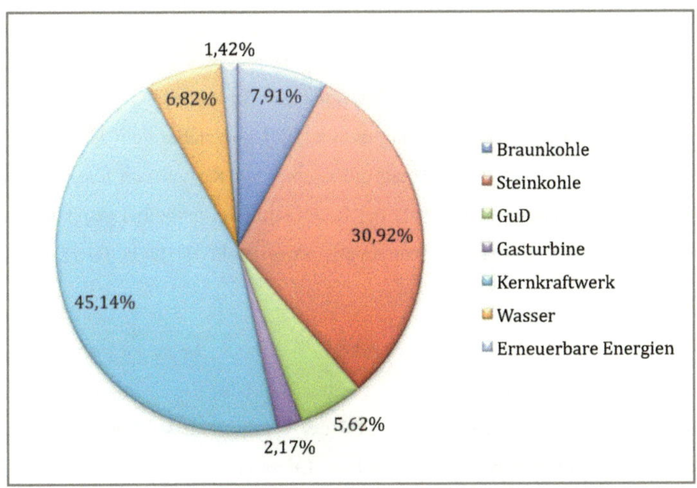

Abbildung 7- Anteile der Stromerzeugung Szenario C

In den Kosten wurden die nicht vorhandenen CO2 Kosten bereits berücksichtigt. Dieser Kraftwerkspark erzeugt bereits eine Energiemenge von 124.620,5 GWh/a. Man sieht deutlich, dass keine weiteren Überlegungen über zu bauende Kraftwerke nötig sind. Die geforderten 120.000 GWh/a sind damit erfüllt. Werden die übrigen 4.620,5 GWh zum (Großhandels-)Preis von 5,4 ct/kWh verkauft(263 Mio. €), so entstehen die nun vergleichbaren Kosten von knapp 3,5 Mrd. €/a für den so entstandenen Energiemix im Jahre 2020

.

4.1.20. Ökologische Betrachtung

Es entstehen in diesem Szenario insgesamt 5.793.040 t an CO2 Emissionen. Durch die Nichtbeachtung der europaweiten Zertifikatspolitik spart der Konzern 104,76 Mio. € an Zertifikatskosten ein. Weitere als die bestehenden regenerativen Energieanlagen kommen auf Grund der Gewinnmaximierung nicht zum Einsatz.

5. Fazit

Die Fallstudie zeigt: Erneuerbare Energien sind kostspielig. In Szenario A steigen die Kosten der reinen Stromerzeugung um ca. 32% gegenüber dem Jahr 2007. In Szenario B sind es sogar 110%. Stellt man diese enormen Kosten von über 4 Mrd. € (A) bis 7 Mrd. € (B) dem Gesamtumsatz der E.ON Kraftwerke GmbH gegenüber (2008 knapp 4 Mrd. €, s.o.), so erkennt man leicht, dass es E.ON nicht leicht hat, diese Ziele umzusetzen.

Dazu kommt, dass wir in dieser Arbeit keine externen Kosten wie Genehmigungsverfahrenskosten, Gerichtskosten oder Entschädigungen betrachten. Wir sind vorerst davon ausgegangen, dass der Konzern diese Kraftwerke einfach bauen kann. Ein Flächenbedarf für erneuerbare Energien von 37% der Fläche von NRW ist jedoch utopisch. Wälder müssten abgeholzt werden und Dörfer umgesiedelt. Sieht man von der fraglichen politischen Umsetzbarkeit ab, sind auch all diese Kosten nicht berücksichtigt worden. Die Rückbaukosten der Kraftwerke, die in den Szenarien außerplanmäßig abgeschaltet werden, sind zwar auf dem Papier bereits als Rücklagen gebildet. Letztlich sind solche Summen jedoch nicht einfach in der Unternehmenskasse vorhanden.

Die Kernenergie macht heute knapp 45% der von E.ON gelieferten Energie aus. Da sie (jedenfalls nicht vollständig) durch erneuerbare Energien ersetzt werden kann (wie Szenario B zeigt), wird der Bau von weiteren, fossil thermischen Kraftwerken unumgänglich werden. Betrachtet man die CO2 Emissionen der Szenarien wird sofort ersichtlich, dass in Szenario B, in dem der Anteil der erneuerbaren Energien sehr hoch ist, durch die Abschaltung der Kernkraftwerke sogar mehr CO2 produziert wird als in Szenario A.

Schlussendlich ist es ebenfalls wichtig, wie viel der Endverbraucher für seinen Strom zahlen muss. Will E.ON seine Gewinnmarge aufrecht erhalten, kostet der Strom aus dem Mix in Szenario A 7,7% mehr als 2007, in Szenario B sogar 50%. Dieses sind Mindestwerte, da viele Kosten unberücksichtigt blieben. Ob die Verbraucher dazu bereit sein werden, ist mehr als fraglich.

Literaturverzeichnis

Aachen, IFM RWTH. *Institut für Markscheidewesen, Bergschäden und Geophysik im Bergbau an der RWTH Aachen,*. 2005. http://www.ifm.rwth-aachen.de/cms/front_content.php?idart=42 (Zugriff am 9. Juni 2009).

Böhm, Christoph. *Analyse der Stromgestehungskosten von erneuerbaren Energien heute und in Zukunft.* GRIN Verlag, 2009.

Brandt, Fritz. *Brennstoffe und Verbrennungsrechnung.* FDBR, 1999.

Bundesamt für Umwelt. „Erneuerbare Energien." *Weiterentwicklung der Ausbaustrategie Erneuerbare Energien Leitstudie 2008.* Oktober 2008. http://www.erneuerbare-energien.de/files/pdfs/allgemein/application/pdf/leitstudie2008.pdf (Zugriff am 8. Juni 2009).

Bundesverband der Energie- und Wasserwirtschaft. *Brutto-Stromerzeugung 2008 nach Energieträgern in Deutschland.* 24. Februar 2009. http://www.bdew.de/bdew.nsf/id/DE_Brutto-Stromerzeugung_2007_nach_Energietraegern_in_Deutschland?open&l=DE (Zugriff am 9. Juni 2009).

Deutsche Energie-Agentur GmbH. „Kurzanalyse der Kraftwerks-und Netzplanung in Deutschland bis 2020 (mit Ausblick auf 2030)." 12. März 2008. http://www.dena.de/fileadmin/user_upload/Download/Dokumente/Meldungen/2008/Kurzanalyse_KuN_Planung_D_2020_2030_Kurzfassung.pdf (Zugriff am 8. Juni 2009).

E.ON AG. „E.ON Strategy & Key Figures 2008." Broschüre, E.ON, 2008.

E.ON Kraftwerke GmbH. *E.ON Kraftwerke Neubauprojekte.* 2009. http://www.eon-kraftwerke.com/pages/ekw_de/Innovation/Neubau/Neubauprojekte/index.htm (Zugriff am 8. Juni 2009).

E.ON. „Unternehmensbericht 2008." Unternehmensbericht, E.ON, 2008.

Erdmann, Georg, und Peter Zweifel. *Energieökonomik.* Berlin: Springer Verlag, 2008.

Gesetz für den Vorrang erneuerbarer Energien (EEG). (Berlin 15. Oktober 2008).

INFORUM Verlags- und Verwaltungsgesellschaft mbH. *Informationskreis KernEnergie.* 31. Dezember 2007. http://www.kernenergie.de/r2/documentpool/de/Gut_zu_wissen/Materialen/Downloads/055standortkarte2008_05.pdf (Zugriff am 07. Juni 2009).

Kaltschmitt, Martin, und Marcus Müller. *Geothermische Stromerzeugung - Laufende Aktivitäten & deren Einordnung.* 18. Oktober 2007. http://www.erneuerbare-energien.de/files/pdfs/allgemein/application/pdf/fachtagung_ee040512_02.pdf (Zugriff am 8. Juni 2009).

Konstantin, Panos. *Praxisbuch Energiewirtschaft.* Berlin: Springer Verlag, 2007.

Petermann, Jürgen. *Sichere Energie im 21. Jahrhundert.* Hamburg: Hrsg., 2006.

Rösch, Christine, Konrad Raab, Johannes Skarka, und Volker Stelzer. *Energie aus dem Grünland - Eine nachhaltige Entwicklung?* Wissenschaftlicher Bericht, Institut für Technikfolgenabschätzung und Systemanalyse, Forschungszentrum Karlsruhe GmbH, Karlsruhe: Forschungszentrum Karlsruhe in der Helmholtz-Gemeinschaft, 2007.